BEI GRIN MACHT SICH IHR
WISSEN BEZAHLT

- Wir veröffentlichen Ihre Hausarbeit,
  Bachelor- und Masterarbeit

- Ihr eigenes eBook und Buch -
  weltweit in allen wichtigen Shops

- Verdienen Sie an jedem Verkauf

Jetzt bei www.GRIN.com hochladen
und kostenlos publizieren

Bibliografische Information der Deutschen Nationalbibliothek:

Die Deutsche Bibliothek verzeichnet diese Publikation in der Deutschen National-
bibliografie; detaillierte bibliografische Daten sind im Internet über http://dnb.d-
nb.de/ abrufbar.

Impressum:

Copyright © 2009 GRIN Verlag, Open Publishing GmbH
Druck und Bindung: Books on Demand GmbH, Norderstedt Germany
ISBN: 9783640601370

Dieses Buch bei GRIN:

http://www.grin.com/de/e-book/149444/naturraeumliche-und-geooekologische-
gliederung-ein-vergleich-der-konzepte

Sebastian Paesold

Naturräumliche und geoökologische Gliederung – Ein Vergleich der Konzepte

GRIN Verlag

GRIN - Your knowledge has value

Der GRIN Verlag publiziert seit 1998 wissenschaftliche Arbeiten von Studenten, Hochschullehrern und anderen Akademikern als eBook und gedrucktes Buch. Die Verlagswebsite www.grin.com ist die ideale Plattform zur Veröffentlichung von Hausarbeiten, Abschlussarbeiten, wissenschaftlichen Aufsätzen, Dissertationen und Fachbüchern.

Besuchen Sie uns im Internet:

http://www.grin.com/

http://www.facebook.com/grincom

http://www.twitter.com/grin_com

Friedrich-Schiller-Universität Jena

Institut für Geographie

WiSe 2008/2009

Modul: „GEO 144 – Studium und Studientechniken"

Modulverantwortlicher:

Naturräumliche und geoökologische Gliederung – Ein Vergleich der Konzepte

Hausarbeit

vorgelegt von:

Sebastian Paesold

Studiengang: Sport/Geographie (LAG)

Semester: 9/1

Abgabedatum: 31.03.2008

Inhalt

1 Einleitung

Versuche, die Erdoberfläche in bestimmte Areale oder Ausschnitte zu gliedern, sind so alt „wie das Bemühen, räumlich verbreitete Phänomene zu erfassen und in Karten darzustellen" (MÜLLER-HOHENSTEIN 1979:18). Im Gegensatz zu vielen anderen Wissenschaften kann die Geographie nicht davon profitieren, dass durch eine klare Abgrenzung des Objekts von vornherein der Gegenstand ihrer Wissenschaft erkennbar ist (NEEF 1967:9). Für NEEF (1967:9) steht vor allem der gesellschaftliche Auftrag im Vordergrund, „die Erkundung der für die Gesellschaft wichtigen Umwelt […]". Im Laufe der Zeit wurden verschiedene Verfahren zur Gliederung der Erdoberfläche konzipiert, die aber beide auf der gleichen Grundvorstellung fußen, nämlich der hierarchischen Ordnung der Landschaftseinheiten der Erde (HERZ 1973:91). Ob nun das fachgeschichtlich ältere Konzept, die naturräumliche Gliederung oder die geoökologische Gliederung zur Regionsbildung angewendet wird, in jedem Falle stellt die Grenzbildung einen unabdingbaren Aspekt dar, ohne den sie nicht funktioniert. „The urge to emphasise a difference […] refers to the general process of identification, which is always a process of distinction, of marking and making borders" (STRÜVER 2005:7).

Im Folgenden wird sowohl das Konzept der naturräumlichen Gliederung als auch der geoökologischen Gliederung vorgestellt und miteinander verglichen. Dabei soll der Frage nachgegangen werden, ob eine der beiden Methoden präferiert werden kann.

2 Vorstellung der beiden Gliederungskonzepte

2.1 Naturräumliche Gliederung

Die naturräumliche Gliederung stellt ein Verfahren zur „ganzheitlichen Erfassung und Darstellung der Landesnatur durch Aussonderung von Räumen unterschiedlicher Struktur und Eignung" (KLINK 1973:466) dar, die nach dem Prinzip der Systemhierarchien[1] geordnet werden. Es wird von naturräumlichen Grundeinheiten ausgegangen, wobei man nicht nur die Vegetation, sondern verschiedene visuell wahrnehmbare Geoökofaktoren (z.B. Georelief, oberflächennaher Untergrund, Boden, Oberflächenwasser), „manchmal auch unter

---

[1] „Eine Systemhierarchie liegt dann vor, wenn zwei oder mehr Systeme zu einem System höherer Ordnung zusammengekoppelt sind…, diese Systeme höherer Ordnung ihrerseits wieder durch entsprechende Kopplung zu Systemen noch höherer Ordnung vereinigt sind usw." (zit. in LESER 1991:120).

Verwendung von Einzelmerkmalen dieser (z.B. Hangneigung, Bodenfeuchte, Natürlichkeitsgrad der Vegetation)" (LESER 1991:210) für die Bestimmung der naturräumlichen Einheiten nutzt.

Tab. 1: Schema der regionalen Systematik in der Naturräumlichen Gliederung (Müller-Hohenstein 1979:45)

Ordnungsstufe	unterste Stufe	6. 5. Ordnung	4. Ordnung	3. Ordnung	2. Ordnung	1. Ordnung	oberste Ordnung
Arealeinheiten der großmaß- stäbigen geoökol. Arbeiten (TROLL, KLINK)	Physiotop/Ökotop (Fliese)	Ökotopgefüge					
Arealeinheiten der Naturräumlichen Gliederung (SCHMITHÜSEN u.a.)	Naturräumliche Grundeinheiten	Grundeinheit Landeskundl. Betrachtung. kleinste Karteneinheit	Haupteinheit beschrieben Handbuch d. Naturräuml. Gliederung	Gruppe von Haupt- einheiten	Region	Großregion	Zone (Gürtel)
Arealeinheiten der Naturräumlichen Ordnung (Richter u-	Physiotop/Ökotop	Mikrochore	Mesochore	Makrochore	Megachore	Region	Zone
Stoffliche Merkmale	Homogene stoffliche Systeme	Heterogene stoffl. Systeme Spezifisch – vielgestaltig – general.			Stark general.	Allgemeine Geofaktoren (Geländegestalt. Klima. Vegetation)	
Dimension	topologisch	chorologisch			regional		planetarisch

Eine Übersicht zur regionalen Systematik der naturräumlichen Gliederung kann Tabelle 1 entnommen werden. Ausgehend von den naturräumlichen Groß-einheiten, die oft durch Gesteins- und Georelief-strukturen determiniert werden, wird in immer kleinere Einheiten, UHLIG (1967:35) nennt sie Parzellen, unterteilt (LESER 1991:210, FINKE 1994:93). Charakteristisch ist weiterhin das Arbeiten in relativ kleinen Maßstäben und entsprechend großen Einheiten (SCHMID & HERSPERGER 1995:37).

Die ersten Versuche einer naturräumlichen Landschaftsgliederung reichen weit in die Vergangenheit zurück. Als ein Zeugnis der ältesten deutschen Erkenntnis einer kleineren naturräumlichen Einheit wird die Arbeit von Fehr (1680) angesehen, der mit Hilfe der Flora „Tempe Grettstadtiensis" ein natürlich abgegrenztes Gebiet erkennt. Auch nachfolgende Veröffentlichungen, wie beispielsweise die des schwedischen Naturwissenschaftlers Carl von Linné zeigen, dass in dieser phänomenologischen Phase der naturräumlichen Gliederung vor allem die Pflanzenverbreitung als Merkmal für die Einteilung natürlicher Raumeinheiten genutzt wurde (MEYNEN & SCHMITHÜSEN 1953:9).

Mit dem Anliegen „Deutschland nach den Unterschieden seiner Landesnatur in Gebiete zu gliedern, die für viele Zwecke als Bezugseinheiten dienen" (MEYNEN & SCHMITHÜSEN 1953:1), wurde eine grundlegende Arbeit zur naturräumlichen Gliederung Deutschlands von dem deutschen Geographen Emil Meynen erstellt (Abb. 1). Aufgrund verschiedener Ursachen (vgl. MEYNEN & SCHMITHÜSEN 1953:32) konnte das ursprüngliche Ziel, eine naturräumliche

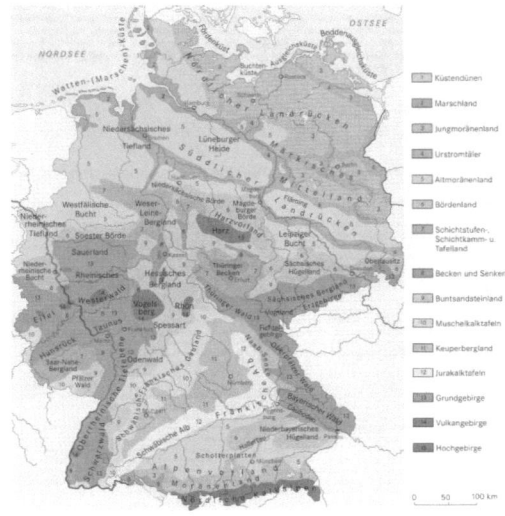

Gliederung Deutschlands im Maßstab 1:200000 nicht erreicht werden. Jedoch wurde durch eine Gemeinschaftsarbeit von ca. 50 Mitarbeitern eine Karte der Naturräumlichen Gliederung Deutschlands in 1:1 Mill. entworfen, die im Handbuch der naturräumlichen Gliederung dargestellt und beschrieben wird.

Abb. 1: Naturräumliche Gliederung Deutschlands
(verändert nach MEYNEN et al. 1953-1962) (GEBHARD et al. 2007:9)

2.2 Geoökologische Gliederung

Bereits früh bemühte man sich, den Ansatz der naturräumlichen Gliederung um „eine möglichst detaillierte quantitative Analyse besonders der abiotischen Geofaktorenkomplexe" (FINKE 1994:94) zu erweitern. PAFFEN (1973:224f.) betont mit Hilfe des Beispiels der Moerser Donkenlandschaft die Komplexität im Zusammenspiel der Geoökofaktoren und der sich daraus ergebenden Forderung einer eher Prozessorientierten Landschaftsgliederung. Mit dem Ziel, die Funktionsmechanismen landschaftsökologischer Standorte zu erkennen und deren haushaltliche Zusammenhänge herauszuarbeiten (MOSIMANN 1984b:34), wurde das Konzept der geoökologischen Gliederung entwickelt. Mit diesem Verfahren werden Areale ausgeschieden, die „über homogene ökologische Funktionseinheiten – d.h. über einen für sie spezifischen Stoff- und Energiehaushalt im Sinne der Landschaftsökosysteme – verfügen" (LESER 1991:212). Voraussetzung hierfür war jedoch ein Wandel in der Maßstäblichkeit des Untersuchungsgebietes (FINKE 1994:94). Pauschalisierend kann man sagen, dass mit dem Ansatz der landschftsökologischen Gliederung in großen Maßstäben und damit in den kleinsten räumlichen Arealen (topologische Dimension) gearbeitet wird, gleichwohl RICHTER (1965:134) betont, dass unter Einhaltung gewisser methodischer Prinzipien auch kleinere Maßstäbe verwendet werden können.

Tab. 2: Differenzierung und Kennzeichnung des Inhalts landschaftsökologischer Raumeinheiten verschiedener Ordnungsstufen (HERZ 1973:93)

Differenzierungsfaktoren	Landschaftsgenetische Zusammenhänge	Maßstabsbezeichnung der Einheiten (Gefüge und Element)
Kugelgestalt und Bewegungsformen der Erde	Einstrahlungszusammenhang	E Landschaftsgürtel
Entwicklung der Ozean-Kontinent-Verteilung	Luftmassenklimatischer Zusammenhang	G Megachoren-Gefüge E Megachore
Großhebungen und -senkungen der Kruste (einschließlich der Küstenverlagerung)	Tektogen-höhenklimatischer Zusammenhang	G Makrochoren-Gefüge E Makrochore
Differenzierte Hebungen und Senkungen innerhalb der geomorphologischen Einheiten	Geomorphologisch-mesoklimatischer Zusammenhang	G Mesochoren-Gefüge E Mesochore
Genese der Substrat- und Gesteinsartendifferenzierung und ihrer Lagerung sowie der Georelieformen	Zusammenhang Baumaterial-	G Mikrochoren-Gefüge E Mikrochore
Geoöko- und Geomorphodynamik (Zerschneidung, Abtragung, Aufschüttung, sowie vertikale und laterale stofflich-energetische geoökologische Prozesse)	Geomorphodynamischer, energetischer, stofflicher Zusammenhang	G Okotop-Gefüge E Okotop
Mikrogeoökodynamik (Prozesse ohne erheblichen lateralen Transport: kryogene, biogene, pedogene, auch bodenerosive Prozesse)	Mikrogeoökodynamischer Zusammenhang	G Standort-Gefüge E Standort

Tabelle 2 zeigt die hierarchische Ordnung sowie den Inhalt der landschafts-ökologischen Raumeinheiten. Mit Hilfe der landschaftsökologischen Komplexanalyse werden geoökologische Untersuchungs-größen wie Georeliefeigenschaften, Speicherkapazität und Nährstoffreserven, aber auch sich daraus resultierende Größen wie beispielsweise Verdunstung, Abfluss, Biomassenproduktion oder Bodenabtrag analysiert und bilanziert (MOSIMANN 1984b:40).

Für die Bundesrepublik Deutschland werden durch BURAK & ZEPP (2003:28) fünf geoökologische Großlandschaften ausgewiesen (Abb.2), die zum Teil in weitere Teillandschaften klassifiziert werden. Da für die geoökologische Gliederung nicht alle landschaftsökologischen Prozesse berücksichtigt werden können, wird über das „ökologische Hauptmerkmal Bodenfeuchtregime und die Art und Intensität der anthropogenen Beeinflussung des Stoffhaushaltes" ein Prozessgefüge für die geoökologische Gliederung erfasst.

Abb. 2: Groß- und Teillandschaften

2.3 Vergleich der beiden Konzepte

Beide Methoden, die naturräumliche Gliederung als auch die geoökologische Gliederung stellen Verfahren der Landschaftsklassifikation dar. Auch wenn SCHMID & HERSPERGER (1995:37) die Auffassung vertreten, dass sich beide Verfahren ergänzen, verweist LESER (1991:219) auf die verschiedenen Ansätze beider Verfahren und sieht daher keine

Notwendigkeit für diese Ergänzung. Während die naturräumliche Gliederung den Ansatz einer statischen Raumstrukturforschung repräsentiert, muss das Verfahren der geoökologische Gliederung als Landschaftsökosystemforschung betrachtet werden. Ein weiterer Unterschied besteht in der Maßstäblichkeit. Die naturräumliche Gliederung konzentriert sich auf kleine Maßstäbe und damit relativ große Raumeinheiten, wohingegen die geoökologische Gliederung die kleinsten räumlichen Einheiten durch große Maßstäbe untersucht. Aufgrund der verschiedenen Ansätze ergibt sich weiterhin ein wesentlicher Unterschied bezüglich der Gliederungs- bzw. Aufnahmekriterien. Während die naturräumliche Gliederung überwiegend nach visuell wahrnehmbaren Geoökofaktoren erfolgt, sind für die geoökologische Gliederung die statischen und dynamischen Merkmale der Geoökosysteme, die Ausdruck des ökologischen Funktionszusammenhangs sind, entscheidend (MOSIMANN 1984b:47). Vergleicht man beide Konzepte in Hinblick ihrer Anwendbarkeit in der Praxis, muss Folgendes festgestellt werden. Ein Praxisbezug der geoökologische Gliederung ist vor allem in den großen und größten Maßstäben generell gewährleistet (LESER 1991:215). Hingegen wird die naturräumliche Gliederung „vor allem durch wissenschaftliches Interesse motiviert", wobei besonders die subjektiv klar definierten Grenzen zwischen den Raumeinheiten kaum einen praktischen Einsatz ermöglichen.

3 Zusammenfassung

Es ist deutlich geworden, dass die naturräumliche Gliederung, respektive die von ihr untersuchten statischen Merkmale für eine Beschreibung der komplexen Landschaftsräume alleine nicht ausreichen. Diesen Sachverhalt betont Davis bereits 1905: „[…] landscapes were composite and needes more than observation to disentangle their complexities" (CHORLEY et al. 1964:198). Auch wenn MOSIMANN (1984a:21) eine „Erfassung der Gesamtheit oder schon nur der Gesamtheit einzelner Teile" für unmöglich erachtet, scheint unter Einhaltung des korrekten geoökologischen Untersuchungsablaufes (NEEF 1967:120f., HAASE 1979:7f.) eine nahezu vollständige funktionale, haushaltliche Analyse der Rauminhalte und damit eine Gliederung aus geoökologischen Perspektive möglich. Die Quintessens aus dem Vergleich beider Raumgliederungskonzepte muss lauten, dass es die universelle und wahre Raumgliederung nicht geben kann. Da es für beide Methodiken Notwendigkeiten und Anwendungsbereiche gibt, kann es eine geeignete räumliche Gliederung nur zweckbezogen geben (SCHMID & HERSPERGER 1995:38).

Literatur

BURAK, A. (2003): Eine GIS-gestützte prozessorientierte landschaftsökologische Gliederung Deutschlands. In: BEIERKUHNLEIN, C., J. BREUSTE, F. DOLLINGER, M. POTSCHIN, U. STEINHARDT & U. SYRBE (Hrsg.): Landnutzungswandel. Tagungsband mit Kurzfassungen der Beiträge zur 4. Jahrestagung der IALE-Regio Deutschland. Eberswalde: Vorstand der IALE-Region Deutschland, 52.

BURAK, A. & H. ZEPP (2003): Geoökologische Landschaftstypen. In: LEIBNITZ-INSTITUT FÜR LÄNDERKUNDE (Hrsg.): Nationalatlas Bundesrepublik Deutschland. Relief, Boden und Wasser. Band 2. Heidelberg: Spektrum Akademischer Verlag.

FINKE, L. (1994[2]): Landschaftsökologie. Braunschweig: Westermann Schulbuchverlag GmbH.

GEBHARDT, H., R. GLASER, U. RADTKE & P. REUBER (2007): Geographie. Physische Geographie und Humangeographie. München: Spektrum Akademischer Verlag.

CHORLEY, R.-J., R.-P. BECKINSALE & J.-A. DUNN (1964): The Study of Landforms or the Development of Geomorphology. The Life and Work of William Morris Davis Volume two. London: Methuen & Co. LTD.

HAASE, G. (1979): Entwicklungstendenzen in der geotopologischen und geochorologischen Naturrumerkundung - Petermanns Geographische Mitteilungen 123, 23, 7-18.

HERZ, K. (1973): Beitrag zur Theorie der landschaftsanalytischen Maßstabsbereiche - Petermanns Geographische Mitteilungen. 117,2, 91-96.

KLINK, H.-J. (1973): Die naturräumliche Gliederung als ein Forschungsgegenstand der Landeskunde. In: PFAFFEN, K. (Hrsg.): Das Wesen der Landschaft. Darmstadt: Wissenschaftliche Buchgesellschaft, 466.

LESER, H. (1991[3]): Landschaftsökologie. Ansatz, Modelle, Methodik, Anwendung. Stuttgart: Verlag Eugen Ulmer.

MEYNEN, E. & J. SCHMITHÜSEN (1953): Handbuch der naturräumlichen Gliederung Deutschlands. Erste Lieferung. Remagen: Verlag der Bundesanstalt für Landeskunde.

MOSIMANN, T. (1984a): Landschaftsökologische Komplexanalyse. Stuttgart: Franz Steiner Verlag.

MOSIMANN, T. (1984b): Methodische Grundprinzipien für die Untersuchung von Geoökosystemen in der topologischen Dimension. – Geomethodica 9, 32-65.

MÜLLER-HOHENSTEIN, K. (1979): Die Landschaftsgürtel der Erde. Stuttgart: Teubner Verlag.

NEEF, E. (1967): Die theoretischen Grundlagen der Landschaftslehre. Gotha: VEB Hermann Haack.

PAFFEN, K. (1973): Das Wesen der Landschaft. Darmstadt: Wissenschaftliche Buchgesellschaft.

RICHTER, H. (1967): Naturräumliche Ordnung. In: GEOGRAPHISCHE GESELLSCHAFT DER DEUTSCHEN DEMOKRATISCHEN REPUBLIK (Hrsg.): Wissenschaftliche Abhandlungen der geographischen Gesellschaft der Deutschen Demokratischen Republik. Probleme der Landschaftsökologischen Erkundung und naturräumlichen Gliederung. Band 5. Berlin: VEB Deutscher Verlag der Wissenschaften, 129-160.

SCHMID, W. & A.-M. HERSPERGER (1995): Ökologische Planung und Umweltverträglichkeit. Lehrmittel für Orts-, Regional- und Landesplanung. Zürich: VDF.

STRÜVER, A. (2005): Stories of the 'Boring Border': The Dutch-German Borderscape in People's Minds. Münster: LIT-Verlag.

UHLIG, H. (1967): Flur und Flurformen. Materialien zur Terminologie der Agrarlandschaft. Giessen: Kommissionsverlag W. Schmitz.